Impressum:

Copyright © 2016 GRIN Verlag, Open Publishing GmbH
Druck und Bindung: Books on Demand GmbH, Norderstedt Germany
ISBN: 9783668345638

Dieses Buch bei GRIN:

http://www.grin.com/de/e-book/344762/die-empfindlichkeit-und-funktionsweise-
eines-squid-messinstrumentes

Marvin Kemper, Tim Spürkel

Die Empfindlichkeit und Funktionsweise eines SQUID-Messinstrumentes

GRIN Verlag

Bergische Universität Wuppertal
Fakultät für
Mathematik und Naturwissenschaften
Fachgruppe Physik

Fortgeschrittenen Praktikum

SQUID

Marvin Kemper und Tim Spürkel

Abstract (Kurzbeschreibung)
Es wurde die Empfindlichkeit und Funktionsweise eines SQUID Messinstrumentes kennengelernt und untersucht. Nach erfolgreicher Kalibrierung wurde das magnetische Dipolmoment zweier räumlich nahe gelegener Aufzüge gemessen.

Durchgeführt am: 24.2.2016 Protokollfertigstellung: 19. März 2016

Inhaltsverzeichnis

Abbildungsverzeichnis

1 Einführung

Bei dem SQUID-Versuch handelt es sich um eine sehr genaue Magnetfeldmessung die in der Größenordnung von bis zu einem Flussquant also einer Flussdichte in der Größenordnung 10^{-15}Vs liegt. Dies ist zum heutigen Zeitpunkt die genaueste Methode Magnetfelder zu messen. In diesem Versuch soll nun die Funktionsweise des SQUID verstanden und experimentell angewendet werden, indem zunächst eine Empfindlichkeitsabschätzung und dann eine Kalibrierung durchgeführt wird. Abschließend wird versucht das magnetische Dipolmoment von zwei räumlich nahegelegenen Aufzügen zu vermessen. Die Messung der Curie-Temperatur von Gadolinium war zum Versuchszeitpunkt nicht möglich.

2 Theorie

Im Folgenden wird die für den Versuch relevante Theorie, vor allem im Hinblick auf die Supraleitung dargestellt. Die Erklärung der magnetischen Größen und der Beweis für die Flussquantisierung sind der Versuchsanleitung zu entnehmen. [1]

2.1 Supraleiter und Effekte im Magnetfeld

Supraleiter sind Materialien deren elektrischer Widerstand ab einer bestimmten Temperatur, der Sprungtemperatur gleich null ist, d.h. die Ladungsträger können sich verlustfrei bewegen. Man unterscheidet im allgemeinen zwischen zwei Arten von Supraleitern, genannt **Typ I** und **Typ II**. Die Supraleiter vom Typ I sind meist Tieftemperatursupraleiter, d.h. besitzen Sprungtemperaturen von wenigen Grad Kelvin. Bei diesen wird ein außen angelegtes Magnetfeld bis auf eine sehr geringe Grenzschicht vollständig aus dem Inneren verdrängt. Dies bezeichnet man als den sogenannten Meißner-Ochsenfeld-Effekt. Dies lässt sich dadurch erklären, dass durch das äußere Magnetfeld in dem Supraleiter sogenannte Supraströme induziert werden, welche ebenfalls ein Magnetfeld ausbilden, sodass dieses das äußere Magnetfeld im inneren des Supraleiters genau annuliert. Typisch für Supraleiter vom Typ I ist, dass sie ab einem bestimmten kritischen äußeren Magnetfeld selbst bei Temperaturen unterhalb der Sprungtemperatur normal-leitend werden. Die Supraleitung wird im allgemeinen durch die sogenannten Cooper-Paare erklärt. Dies sind Elektron-Elektron-Paare die keine Energieabgabe an das Kristallgitter haben, also widerstandsfrei zum Stromfluss beitragen. Supraleiter vom Typ II verhalten sich analog zu den Supraleitern vom Typ I, wenn sich das äußere Magnetfeld unter einer unteren kritischen Stärke befindet. Außerdem bricht die Supraleitung bei Supraleitern von Typ II ein, wenn sich das Magnetfeld über eine obere kritische Grenze erhebt. Charakteristisch für die Supraleiter vom Typ II ist jedoch der Zustand bei äußeren Magnetfeldern zwischen oberen und unterem kritischem Wert. Hier bricht die Supraleitung nicht zusammen, sondern die Magnetfeldlinien können entgegen dem Meißner-Ochsenfeld-Effekt in den Supraleiter in sogenannten Flussschläuchen eindringen. Im Kern dieser Flussschläuche ist das Material nicht supraleitend, lässt aber das restliche Material im supraleitenden Zustand. Der magnetische Fluss durch die Flussschläuche ist hier immer gleich einem Flussquant. Ein weiterer für diesen Versuch wichtiger Effekt mit Supraleitern ist der Josephson-Effekt. Dieser besagt, dass wenn Supraleiter durch eine nicht-supraleitende Schicht getrennt sind, dies nennt man auch Josephson-Kontakt, die Cooper-Paare durch diese tunneln können und sich die Gesamtanordnung wie ein Supraleiter verhält. Bei Supraleitern vom Typ II handelt es sich meist um Hochtemperatursupraleiter, welche eine Sprungtemperatur oberhalb von 70 Grad Kelvin besitzen, also mit flüssigem Stickstoff kühlbar sind.

3 Aufbau

Abbildung 1: SQUID

Die Fotos (sind alle [1] entnommen) der verwendeten Bauteile und Geräte sind in den Abbildung 1 bis 6 gezeigt. Das SQUID (Abbildung 1) wird in den Dewar (Abbildung 2), welcher mit LN2 gefüllt wird und zur thermischen Isolation dient,

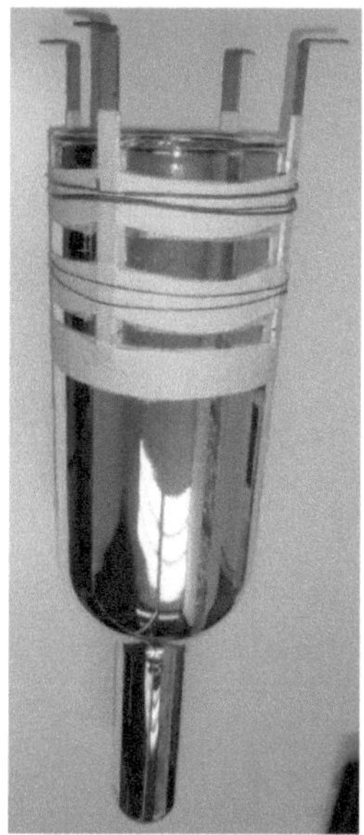

Abbildung 2: Dewar

eingesetzt. Der Dewar wiederum wird in das Abschirmgehäuse (Abbildung 3) eingebracht. Dieses besteht aus zwei Aluminiumzylindern sowie einem Zylinder aus µ- Metall. Das Innere des Gehäuses zeigt Abbildung 4. Die in Abbildung 3 am oberen Bildrand zusehende blaue Tonne wird zuletzt als zusätzliche Abschirmung über den Aufbau gestülpt. Auf dem Boden des Abschirmgehäuses befindet sich ein Schlitten der herausgezogen werden kann. Er ist in Abbildung 5 zu sehen. Es ist dort eine gelbliche Leiterschleife zu erkennen, welche zusammen mit einer Präzisionsstromquelle zur Erzeugung eines Magnetfelds genutzt werden kann. [1] Der schematische Gesamtaufbau ist in Abbildung 6 zu sehen.

Abbildung 3: Abschirmgehäuse

Abbildung 4: Inneres des Abschirmgehäuses mit Aluminium- und μ-Metallzylinder.

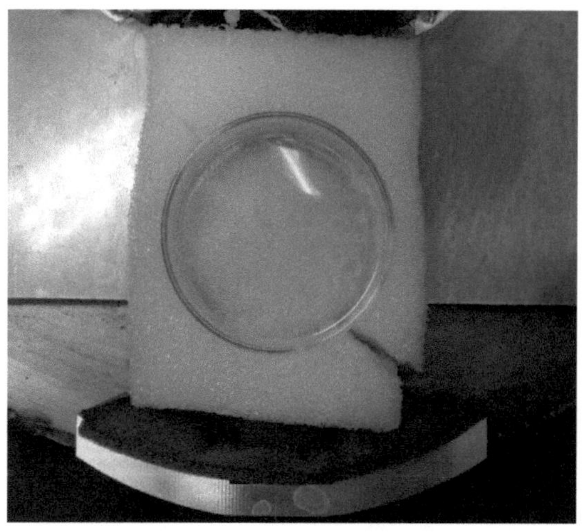

Abbildung 5: Schlitten am Boden der Abschirmgehäuses mit gelber Leiterschleife

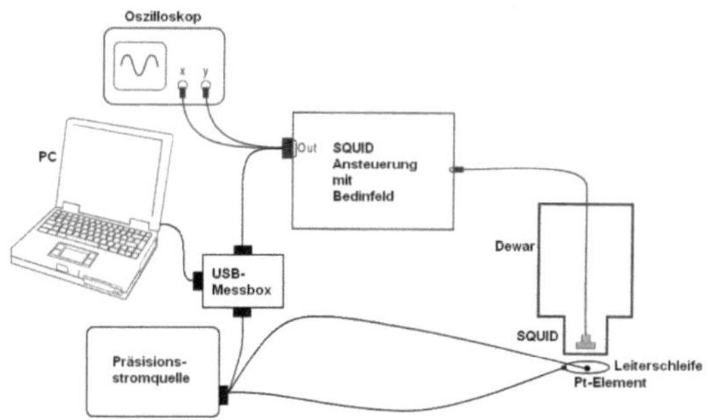

Abbildung 6: Schematischer Aufbau des SQUID-Versuchs

4 Funktionsprinzip rf-SQUID

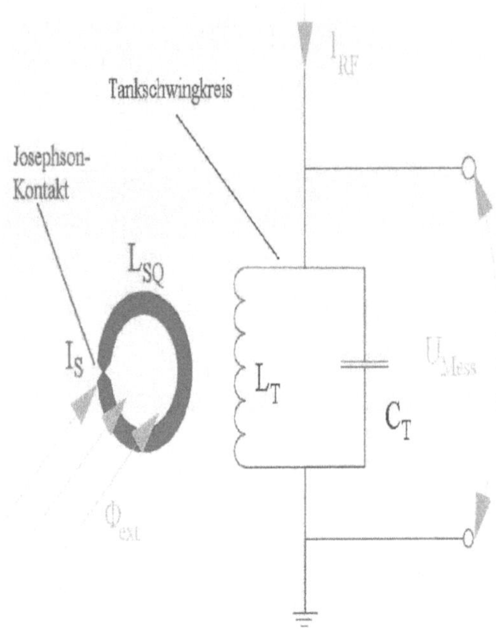

Abbildung 7: Elektrische Schaltung eines rf-SQUID [2]

In dem Versuch wird ein rf-SQUID verwendet. Ein rf-SQUID besteht aus einem supraleitenden Leiterring der an einer Stelle durch einen Josephson-Kontakt unterbrochen ist. Nun ist dieser Leiterring wie in Abbildung 7 zu sehen induktiv mit einem Tankschwingkreis gekoppelt. Über diesen wird zum einen durch Wechselstrom der Frequenz von 1 GHz ein Wechselfluss im SQUID erzeugt, zum anderen über die Größe U_{Mess} das Messsignal gewonnen. Der Leiterring wurde bei der Herstellung genau so dimensioniert, dass er seinen kritischen Strom erreicht, nachdem er genau 1 Flussquant kompensiert hat. Die Kompensation geschieht, da in dem Ring nur eine ganze Anzahl von Flussquanten vorliegen dürfen. Dies erfolgt durch den Suprastrom. Nun wird der Messprozess eines SQUID betrachtet. Hier gibt es grundsätzlich 2 Extremfälle zwischen denen alle möglichen Zustände liegen. Im

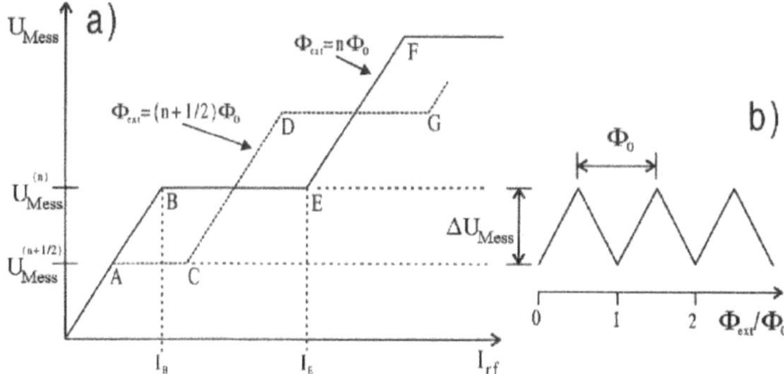

Abbildung 8: a) Abhängigkeit der über den Tankschwingkreis abfallenden Spannung vom Tankreisstrom für ganz- und halbzahlige Quantenzustände

b) Fluss zu Spannungs-Transferfunktion [2]

ersten Fall wird durch das externe Feld genau eine ganze Anzahl von Flussquanten in den Ring gespeist, d.h. es muss kein zusätzlicher Kompensationsstrom im Ring fließen, sondern nur dieser, welcher durch den Wechselfluss induziert wird. Wird hier der kritische Strom zunächst nicht überschritten, steigt die Spannungsamplitude der relevanten Messgröße U_{Mess} liniear an (Abbildung 8 bis I_B) , bis zu dem Zeitpunkt, an welchem dann der kritische Strom erreicht wird. Dies ist dann auch der maximale Fluss im SQUID und erzeugt ein Maximum der Tankkreisamplitude U_{Mess}. Ab dieser Schwelle wird der Supraleiter lokal normal leitend, da ein Quantensprung in den nächsten Zustand vollführt wird. Dies bewirkt, dass dem Schwingkreis Energie entzogen wird und somit die Spannungsamplitude drastisch einbricht. Diese Energie wird dann vom Oszillator nachgeliefert. Bei einer weiteren Erhöhung des Tankkreisstromes steigt die Amplitude nicht weiter an, da der obige Prozess nur schneller nacheinander wiederholt wird. Es bildet sich also ein Plateau von U_{Mess} aus (siehe Abbildung 8 B-E). Dies bleibt solange bestehen, bis mit jeder einzelnen Periode von dem Tankkreisstrom ein Quantensprung induziert wird. Ab dort kann die Tankkreisamplitude wieder linear ansteigen bis sich der gesamte Prozess mit zwei Flussquanten wiederholt.

Der andere Extremfall liegt durch eine andere Ausgangssituation vor. Jetzt wird vom äußeren Feld gerade eine halbzahlige Anzahl von Flussquanten induziert, wodurch zur Erhaltung der Quantenbedingung nun schon der maximale Kompensierungsstrom durch den Ring fließt. Dadurch wird der kritische Strom bei einem kleineren Tankkreisstrom erreicht und das Plateau beginnt früher (siehe

Abbildung 8). Der restliche Prozess ist analog. Stellt man nun den Aufbau auf einen Tankkreisstrom der auf dem Plateau liegt ein, wird sich U_{Mess} zwischen den beiden Extrema bewegen. Diese Spannung hängt dann nur vom äußeren Fluss ab und die Periode der Fluss-zu-Spannungs-Transferfunktion beträgt in jedem Fall genau ein Flussquant(siehe Abbildung 8 b)).(In Anlehnung an [2])

5 Durchführung und Auswertung

5.1 Inbetriebnahme

Zur Inbetriebnahme des SQUID mussten zuerst die VCO, VCA und Offset Werte eingestellt werden. Dazu wurden die VCO und VCA Werte solange variiert, bis im Testmodus ein Dreiecksignal wie in Abbildung 9 auf dem Oszilloskop zu erkennen war.

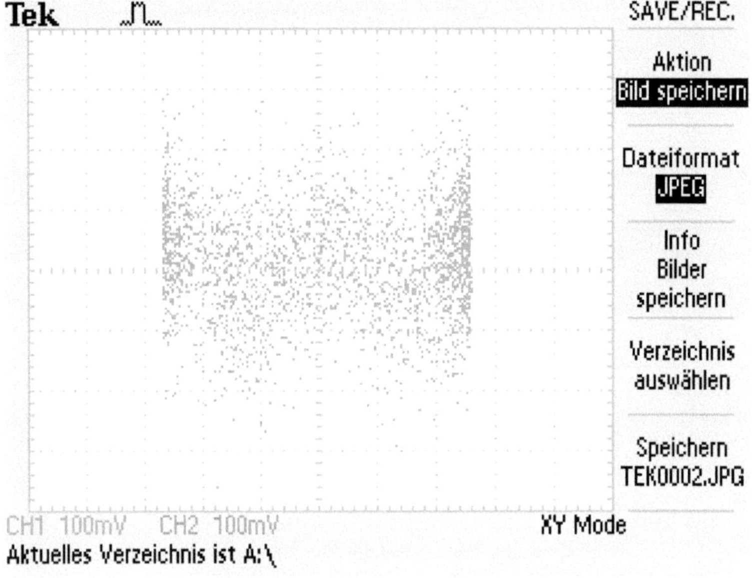

Abbildung 9: Dreiecksignal im Testmodus

Nach Erreichen dieses Musters wurde der Offset solange geändert, bis im Messmodus aus den Spannungsspitzen in Abbildung 10(links), ein konstantes Rauschen wie in Abbildung 10(rechts) wurde.

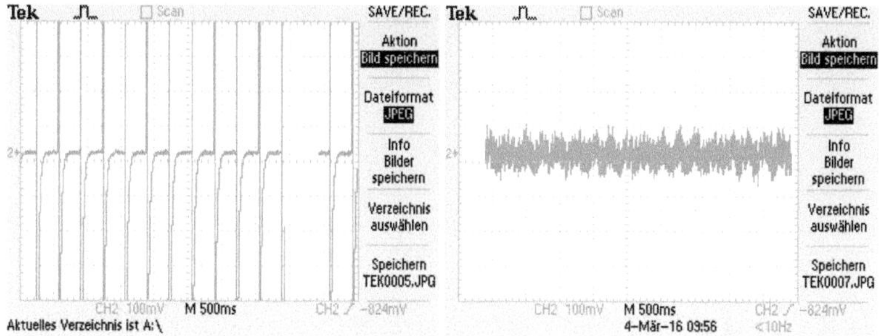

Abbildung 10: Spannungsverlauf im Messmodus für verschiedene Offsets

Die Parameter wurden für die folgenden Messungen wie folgt eingestellt:

$$VCO: 2774$$
$$VCA: 583$$
$$Offset: 2220$$

Zur genaueren Untersuchung des Rauschens aus Abbildung 10 wurde eine Fourier-Transformation durchgeführt, deren Ergebnis in Abbildung 11 zu sehen ist.

Zu erkennen ist, dass sich das Rauschen hauptsächlich aus drei Signalen bei 50Hz, 100Hz und 200Hz zusammensetzt. Diese Störsignale werden höchstwahrscheinlich von der in Europa typischen Netzspannungsfrequenz von 50Hz hervorgerufen. Viele elektrische Geräte arbeiten mit Gleichspannung die sie durch Gleichrichten der über das Stromnetz verfügbaren Wechselspannung erzeugen. Je nach Netzteil ist die Glättung des gleichgerichteten Stroms allerdings von unterschiedlicher Qualität, so bleibt in den meisten Fällen eine Restwelligkeit des Stromes mit der ursprünglichen Netzfrequenz. Diesen verbleibenden Wechselspannungsanteil bezeichnet man in der Elektrotechnik als Brummspannung, deren Frequenz in Europa in der Regel bei ca. 50Hz oder Vielfachen davon liegt. Deswegen können alle drei Signale, die das Rauschen bilden durch den Effekt der Brummspannung erklärt werden, dies erklärt auch die abfallende Intensität der drei Signale mit steigender Frequenz. Eine Frequenzabhängigkeit der Intensität des statistischen Untergrundrauschens ist dagegen nicht zu erkennen.

5.2 Empfindlichkeit des SQUID

Nachdem das SQUID in Versuchsteil 1 richtig eingestellt wurde, konnten nun im Messmodus Magnetfeldänderungen in der Nähe beobachtet werden. Dabei war das SQUID empfindlich genug, um die Bewegung und Rotation eines mittelgroßen Permamagneten an einer beliebigen Position im Raum zu detektieren.

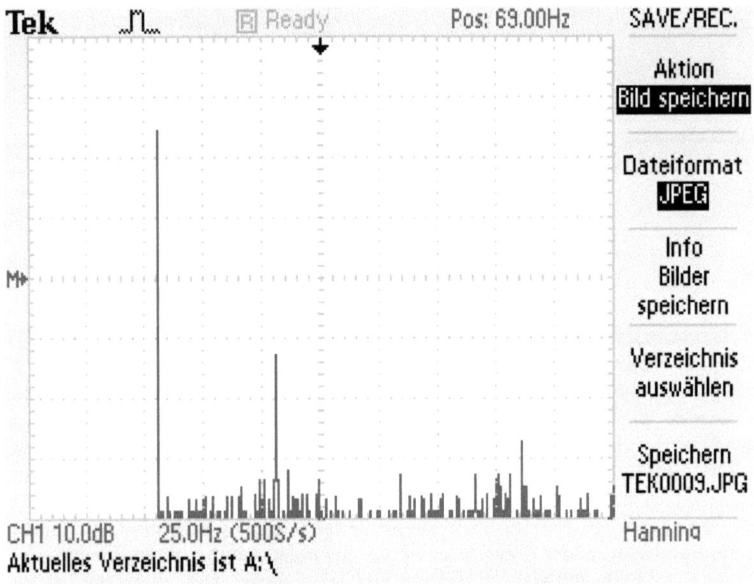

Abbildung 11: Fourier-Transformation des Rauschen aus Abbildung 10

Desweiteren führt das Bewegen oder Aktivieren von Mobiltelefonen zu großen Spannungsänderungen und kann selbst in mehreren Metern Entfernung gemessen werden. Das Bewegen eines Mobiltelefons mit abgeschaltetem Bildschirm in der Hosentasche scheint jedoch nicht registriert werden zu können. Ebenfalls gemessen werden konnte das Verrücken von Stühlen im Raum, was zu kleinen Ausschlägen führte, so wie Erschütterungen an einem Tisch auf dem ein Computer und diverse Messgeräte standen.

Im Messmodus konnte eine Stromänderung durch die Leiterschleife von min. 6mA detektiert werden, was einem magnetischen Fluss von $\Phi = 2,3 \cdot 10^{-15} Wb$, bzw. $1,11\Phi_0$ entspricht. Wobei das magnetische Flussquant $\Phi_0 = 2,07 \cdot 10^{-15} Wb$ ist. Im Testmodus war bereits bei Änderungen von 0,1mA eine Verschiebung der Dreieckspannung zu beobachten, was einem magnetischen Fluss von $\Phi = 3,83 \cdot 10^{-17} Wb$ oder $0,0185\Phi_0$ entspricht. Die magnetische Flussdichte am Ort des SQUID wurde mit folgender Formel berechnet:

$$B = \mu_0 \frac{R^2}{2\sqrt{R^2 + d^2}^3} \cdot I \tag{1}$$

Dabei wurde für R, den Durchmesser der Leiterschleife ein Wert von 8cm und für d, die Entfernung vom Schleifenmittelpunkt bis zum SQUID, 10cm angenommen. Desweiteren gilt:

$$\Phi = \int B dA \tag{2}$$

5.3 Kalibrierung

Wie in Abbildung 12 zu sehen ist, liegt tatsächlich ein linearer Zusammenhang zwischen Widerstand und Messempfindlichkeit vor.

Genau wie in Abbildung 13 wurde eine Gerade an die Messwerte der verschiedenen Widerstände von 1-20$k\Omega$ gefittet und somit die Steigungen der Geraden bestimmt. Anschließend wurden die Steigungen für die Widerstände gegen ihre Größe aufgetragen, das Ergebnis ist in Abbildung 14 zusehen.

Leider ist in Abbildung 14 kein aussagekräftiges Muster zu erkennen, das Schlüsse irgendeiner Art zulassen würde.

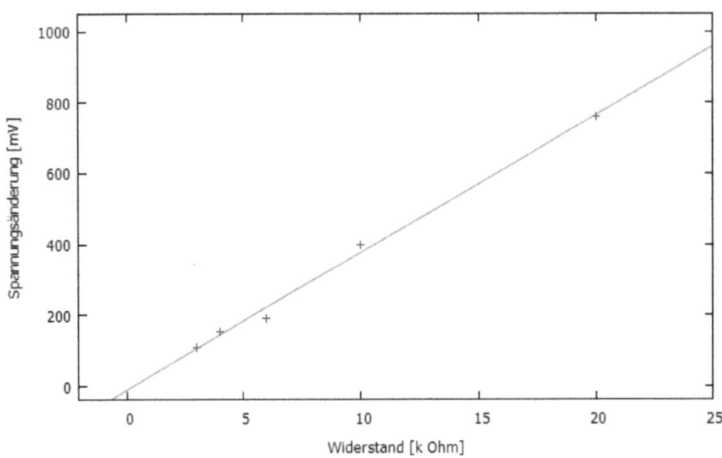

Abbildung 12: Linearer Zusammenhang von Empfindlichkeit und Widerstand bei 10mV

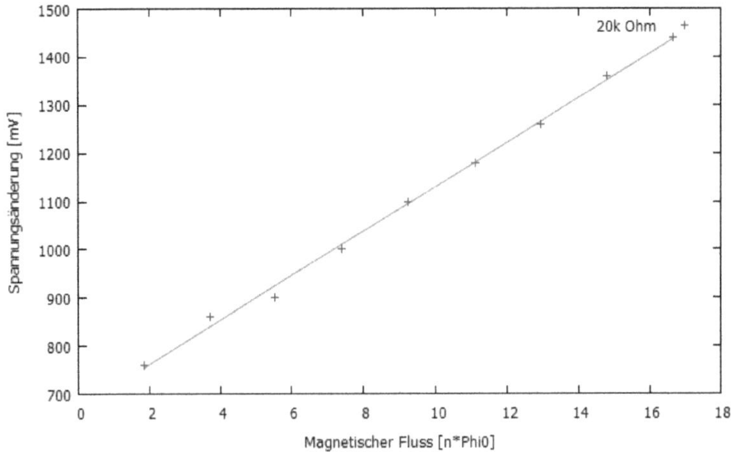

Abbildung 13: Spannungsänderung gegen magnetischen Fluss bei $20k\Omega$. $m = 46,1$

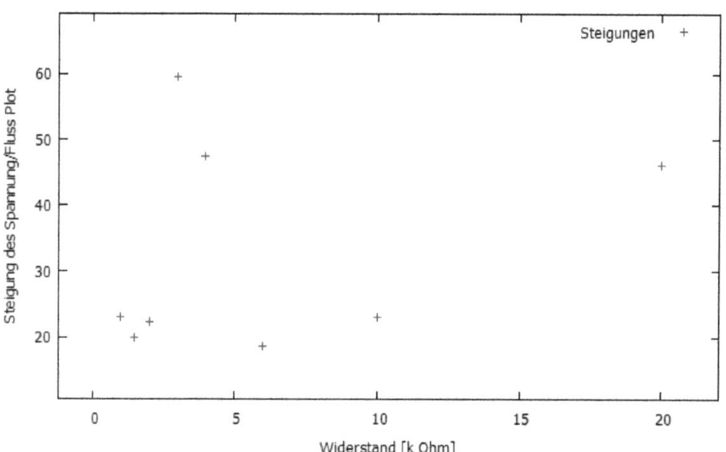

Abbildung 14: Steigung der Geraden aus Seite 14 gegen die Widerstandsgröße.

5.4 Aufzug

Um die Empfindlichkeit des SQUID weiter zu testen wurde versucht, das Magnetfeld eines räumlich nahe gelegenen Aufzugs zu messen. Der Aufzug ist ungefähr 12m vom Versuchsaufbau entfernt und es wurde eine Fahrt von Ebene 13 auf Ebene 6 aufgezeichnet. Es wurde eine Etagenhöhe von 4m angenommen.

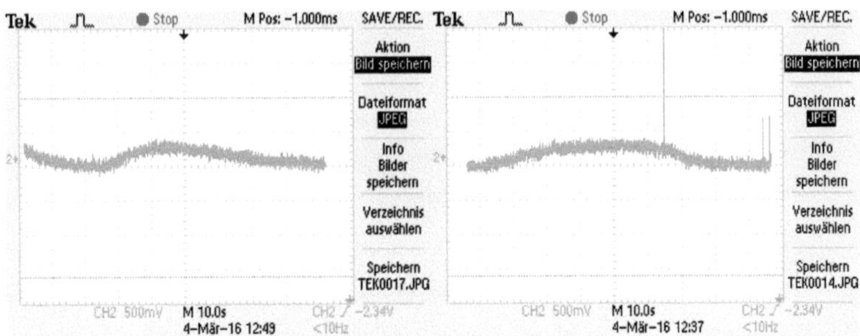

Abbildung 15: Fahrt des linken (links) und rechten (rechts) Aufzuges von Ebene 13 nach 6.

Bei beiden Aufzügen konnte eine Magnetfeldänderung während der Fahrt beobachtet werden, dabei scheint das Vorzeichen der Spannungsänderung von der Fahrtrichtung des Aufzuges abzuhängen. Am Anfang von Abbildung 15(links) ist auch ein Wendepunkt, oder möglicherweise ein Zwischenstop des Aufzuges zu erkennen. Die Bewegung des Aufzuges erkennt man an der zeitabhängigen Verschiebung der Nulllage des Rauschens. Aus den ermittelten Daten wird im folgenden das magnetische Dipolmoment des Aufzugs abgeschätzt.
Der Abstand von minimaler zu maximaler Spannungsruhelage beträgt ca. 300mV, was bei dem verwendeten Widerstand von $20k\Omega$ etwa einer Stromänderung von 2mA in der Leiterschleife entspricht. Das Magnetfeld der Leiterschleife berechnet sich durch:

$$B = \mu_0 \frac{R^2}{2\sqrt{R^2 + d^2}^3} \cdot I \tag{3}$$

und das des Aufzugs durch: [3]

$$B = \frac{\mu_0}{2\pi} \frac{\mu}{r^3} \tag{4}$$

Die Änderung des Magnetfeldes bei einer Stromänderung von 0 auf 2mA entspricht der Differenz zwischen minimalem und maximalem Magnetfeld des Dipols. Da das Magnetfeld des Dipols von $\frac{1}{r^3}$ abhängt, ist es bei minimaler Entfernung maximal, was mit 12m auf Ebene 11 der Fall ist. Minimal wird das Magnetfeld, wenn der Aufzug auf Ebene 6 ist, wo er insgesamt 23,32m vom Versuchsaufbau entfernt ist. Deswegen gilt:

$$\mu_0 \frac{R^2}{2\sqrt{R^2 + d^2}^3} \cdot 0,002 = \frac{\mu_0}{2\pi} \frac{\mu}{12^3} - \frac{\mu_0}{2\pi} \frac{\mu}{23,32^3} \tag{5}$$

Umgeformt nach dem magnetischen Dipolmoment μ lautet die Formel:

$$\mu = \frac{R^2 \cdot \pi \cdot I}{\sqrt{R^2 + d^2}^3} \cdot (\frac{1}{12^3} - \frac{1}{23,32^3})^{-1} = 38,305 Am^2 \tag{6}$$

Da nicht bekannt ist, wie groß das tatsächliche Dipolmoment des Aufzuges ist, kann keine Aussage darüber getroffen werden, wie realistisch dieses Ergebnis ist.

6 Fazit

In dem Versuch konnte ein SQUID in den Betrieb genommen und eine Empfindlichkeitsabschätzung durchgeführt werden. Schließlich wurde das SQUID kalibriert und das magnetische Dipolmoment von zwei räumlich nahe gelegenen Aufzügen erfolgreich vermessen. Über die Qualität der Ergebnisse kann aufgrund fehlender Vergleichswerte keine Aussage getroffen werden. Der Versuchsteil der Bestimmung der Curie-Temperatur von Gadolinium konnte nicht durchgeführt werden.

Literatur

[1] Versuchsanleitung zum SQUID-Versuch

[2] Handbuch zum JSQ, Jülicher SQUID GmbH

[3] `https://homepage.univie.ac.at/franz.embacher/Splitter/LoesungenMaxwellGleichungen/rechts_magnetischerDipol.html`

BEI GRIN MACHT SICH IHR WISSEN BEZAHLT

- Wir veröffentlichen Ihre Hausarbeit, Bachelor- und Masterarbeit

- Ihr eigenes eBook und Buch - weltweit in allen wichtigen Shops

- Verdienen Sie an jedem Verkauf

Jetzt bei www.GRIN.com hochladen und kostenlos publizieren